BEI GRIN MACHT SICH IHR WISSEN BEZAHLT

- Wir veröffentlichen Ihre Hausarbeit,
  Bachelor- und Masterarbeit

- Ihr eigenes eBook und Buch -
  weltweit in allen wichtigen Shops

- Verdienen Sie an jedem Verkauf

Jetzt bei www.GRIN.com hochladen
und kostenlos publizieren

Johannes Schulz

Außertropische Stürme

Umfassende Darstellung von Stürmen der außertropischen Breiten

GRIN Verlag

Bibliografische Information der Deutschen Nationalbibliothek:

Die Deutsche Bibliothek verzeichnet diese Publikation in der Deutschen National-
bibliografie; detaillierte bibliografische Daten sind im Internet über http://dnb.d-
nb.de/ abrufbar.

Impressum:

Copyright © 2007 GRIN Verlag GmbH
Druck und Bindung: Books on Demand GmbH, Norderstedt Germany
ISBN: 978-3-640-13979-8

Dieses Buch bei GRIN:

http://www.grin.com/de/e-book/113308/aussertropische-stuerme

Technische Universität Dresden

Fakultät Forst-, Geo- und Hydrowissenschaften

Institut für Geographie

Wintersemester 2007/08

<u>Oberseminararbeit:</u>

Außertropische Stürme

Vorgelegt am 15.03.2008

Johannes Schulz

LA MS Geo/Ge (7. / 5. Semester)

Inhaltsverzeichnis:

I.   Einleitung

Diese Arbeit beschäftigt sich mit Naturgewalten, die die Menschen schon seit Urzeiten faszinieren. Eingebettet in das Referat Außertropische Stürme bergen die Gewitter bzw. Thunderstorms einen ergiebigen Fundus an Fragen, die im Folgenden gestellt und beantwortet werden sollen.

Die Einteilung der Arten der Gewitter in Einzellige, Mehrzellige und Superzellen beruht auf der Genese und ist daher logisch nachvollziehbar. Außergewöhnlich viele Unterformen treten bei mehrzelligen Gewittern auf. Aber im Detail auf alle diese einzugehen würde den Rahmen sprengen. Im Grunde ist jedes Gewitter ein Unikat, dem didaktischer Schematismus nicht gerecht werden kann. Deutlich wird das, wenn man Davis'[1] Katastrophenbeschreibungen ließt, in denen jede tornadoproduzierende Superzelle die Ursache aus anderen atmosphärische Bedingungen zog.

Gewitter bringen Heil und Unheil zugleich, wenn Sie Regen mit sich führen aber Überschwemmungen, Hagel- und Sturmschäden hinterlassen. Auch der Blitz als Nebenerscheinung hat für die Menschliche Kultur wie für die Biosphäre große Bedeutung.
Im tief gläubigen Mittelalter wurden Gewitter von den Menschen im Zusammenhang mit Gott gesehen. Seit den Zeiten der Aufklärung wurden Naturschauspiele nicht mehr als gottgegeben hingenommen. Die Wissenschaft konnte bis zum jetzigen Zeitpunkt komplexe Wirkungsgefüge entschlüsseln wobei noch lange nicht alle Fragen beantwortet sind.

Die nachfolgenden Ausführungen werden mit allgemeinen physikalischen Grundlagen zu Winderscheinungen in das Thema einführen. Vor der Strukturierung in 3 verschiedene Arten von Gewittern erfolgt ein kurzer Einblick in die Wirkungen von Stürmen.

Anders als im Referat, in dem Sachverhalte stark komprimiert werden konnten, muss der Verschriftlichung der eigene Themenkomplex der Zyklonalen Stürme ausgegliedert bleiben.

---

[1] DAVIS S. 341-262

II.   Begrifflichkeiten

In diesem Teil sollen zunächst die Grundlegenden Termini und physikalischen Zusammenhänge, die für das Entstehen von Wind verantwortlich sind, vorgestellt werden.

Wenn man sich dem Thema von der Basis nähert, dann ist Wind lediglich eine messbare horizontale Bewegung von Luftpaketen über der Erdoberfläche. Diese Bewegung spielt sich ausschließlich in der Atmosphäre ab und wird international in m/h angegeben. Knoten, m/s, km/h sind aber ebenso üblich. Die Windgeschwindigkeit kann mithilfe eines Anemometers gemessen werden, das sich 10 Meter über dem Erdboden befindet. Das Schaufelrad des Anemometers dreht sich, weil die Schaufeln einen drehbar gelagerten Widerstand bieten, den die Luftpakete in Bewegung versetzen. Eine moderne Messungsmethode ist das Doppler Radar. Mit diesem können Windgeschwindigkeiten indirekt über die darin befindlichen Wasser und Eisteilchen aus größerer Entfernung gemessen werden. Der Vorteil besteht aus der Entfernung und darin, dass das Messgerät der Naturgewalt nicht unmittelbar ausgesetzt ist. Erst mit diesem Instrument, was die Frequenzverschiebung des Trägersignals erfasst, wurde es möglich, Geschwindigkeiten in Tornados und Hurrikanes genau zu bestimmen.

Neben der Windgeschwindigkeit spricht man auch von der Windstärke. Sie ist ein ehemaliges Hilfsmittel der Seeleute und wurde nach dem 1857 verstorbenen Sir Admiral Francis Beaufort benannt. Auf einer Skala von 0 bis 12 wird der Wind phänomenologisch interpretiert.

Ab einer Stärke von 9 auf der Beaufortskala sprechen wir von Sturm – dabei treten auf der See „hohe Wellen mit überbrechenden Kämmen"[2] auf und an Land brechen Bäume oder werden entwurzelt.[3] Die stärkste Ausprägung des Windes, der Orkan charakterisiert die zerstörerische Windgeschwindigkeit von 32,9 m/s und mehr.

Die größten Windgeschwindigkeiten treten im Jet Stream auf und erreichen bis zu 166 m/s. Bei diesem Wert werden die Reibungskräfte an den umliegenden langsameren Luftmassen unermesslich hoch und verursachen dadurch Energieverluste. Der maximale Wert, der theoretisch vorstellbar ist, ist die Schallgeschwindigkeit.

In zweiter Instanz verfolge ich die Frage, wie es zur Entstehung von Wind kommt. Die spezifischen Mechanismen die zu sehr schnellen Winden führen werden in den nächsten

---

[2] COSGROVE S. 24
[3] Ebd. S. 24

Gliederungspunkten vorgestellt. In den grundlegenden physikalischen Ursachen ähneln sich gleichwohl alle Luftmassenbewegungen.

Wind kann nur „wehen", wenn zwischen zwei benachbarten Orten in der Atmosphäre ein Luftdruckgradient[4] vorliegt. Die Gradientkraft ist die Antriebskraft des Windes. „Luft besitzt die Eigenschaften einer Flüssigkeit, und die Natur ist bestrebt, ein Gleichgewicht herzustellen. Folglich wird die Luft danach streben, aus Gebieten mit hohem Druck in Gebiete mit tiefem Druck zu strömen."[5] Das geschieht solange, bis der Druckunterschied angeglichen wurde und somit eine Gleichverteilung der Luftmoleküle im Raum erreicht ist.[6]

Aus mehreren Gründen wird dies hingegen nie eintreten. Zum einen ist die Strömung einfach zu träge, als dass es zu einem raschen Austausch kommen würde und zum anderen erzeugt die Mutter allen Lebens, die Sonne, die maßgeblich an der Entstehung der Druckgebilde beteiligt ist, thermische Diskontinuitäten auf der Erde[7]. Temperaturunterschiede im kleinen und großen Rahmen sind für die heterogene Verteilung der Luftteilchen verantwortlich. Da die Gase einen sehr starken Volumenausdehnungskoeffizienten haben, verringert sich infolge von Erwärmung die innere Dichte und damit das Gewicht je Volumeneinheit. Das Luftpaket hebt förmlich ab[8], so dass das Massendefizit am Boden einen zentriert gerichteten Luftstrom erzeugt.[9]

Wenn man das Geschehen aus globaler Perspektive betrachten möchte, wird es komplexer. In der Höhe wird der direkte Ausgleich zwischen subpolarem Hochdruck und subtropischem Tiefdruck stark nach rechts[10] gekrümmt. Daraus resultiert ein breitenkreisparalleler

---

[4] Dieser wird auf der Karte mithilfe von Isobaren sichtbar gemacht. Je dichter die Isobaren beieinander liegen, desto größer der Gradient und die Beschleunigung.

[5] COSGROVE S. 18

[6] Gase streben nach dem 2. HS der Thermodynamik eine maximale Entropie an.

[7] KOLOBKOV S. 47

[8] Das geschieh bei Erreichen einer kritischen Temperaturdifferenz, die von der Umgebungstemperatur, der Größe und Feuchte der Luftmasse abhängig ist.

[9] Über vertikale Kopplungseffekte sind horizontale und vertikale Ausgleichsströmung miteinander verbunden. Einem Tief am Boden steht immer eine divergente Strömung in der Höhe bei. Analog zu den Tiefdruckgebieten muss es Gebiete geben, in denen die Luft wieder absinkt bzw. in die die ehemals divergierende Luft hineinströmt.

[10] bzw. links auf der Südhalbkugel. Wenn äquatornahe Luftmassen in Richtung Norden strömen, werden Sie nach einer gewissen Strecke auf nordöstliche bzw. östliche Richtung drehen. Je schneller Sie sich bewegen, desto stärker ist die Ablenkung (die Geschwindigkeit geht quadratisch ein). Die Kreisgeschwindigkeit am Äquator ist um ein vielfaches höher, als z.B. in den gemäßigten Breiten. So legt die äquatornahe Luftmasse, wenn sie mit der Erde rotiert in 24 h ca. 40000 km „nach rechts herum" zurück – in den gemäßigten Breiten bewegt sich die Erdoberfläche aber nur noch ca. 18000 km in der selben Zeit zurück. Die Südluft verlangsamt ihre Kreisgeschwindigkeit aber nicht analog zur jeweiligen Breitenkreisgeschwindigkeit, sondern ist aufgrund der Trägheit der Masse solange höher, bis durch die Bodenreibung der Überschuss an kinetischer Energie aufgezehrt wurde.
Die Rotation der Erde ist also verantwortlich dafür, dass kein direkter Luftmassenaustausch über große Entfernungen erfolgen kann.

Strahlstrom, in dem die höchsten Windgeschwindigkeiten, die auf der Erde vorkommen - bis zu 600 km/h – erreicht werden.

Da die Corioliskraft nur auf große Strecken wirkt, kann sie für regionale Gewitter nahezu unberücksichtigt bleiben.

Für alle weiteren gekrümmten Bewegungen der Luft ist die Zentrifugalkraft mitverantwortlich. Wenn sich eine Luftmasse auf einer Kreisbahn bewegt, wie es um Hoch und Tiefdruckgebiete der Fall ist, drängt sie die Zentrifugalkraft aufgrund ihrer Trägheit der Bewegungsrichtung nach Außen. Das führt bei Hochdruck zur additiven Verstärkung der Druckgradientkraft und bei Tiefdruck zu einer Schwächung des Gradienten und somit auch der Geschwindigkeit. Die Corioliskraft wirkt ab einer bestimmten Größe des Systems je nach Drehsinn nach innen (Hoch) oder außen (Tief). Der Isobarenparallele geostrophische Wind kommt meist in den oberen Atmosphärenschichten vor während am Boden häufiger der zu den Isobaren schräg gewinkelte geotriptische Wind auftritt.

Somit kommt es in gewisser Weise dennoch zu einem relativen Luftaustauch zwischen den Druckgebilden.

Als dritte Komponente, die die Druckunterschiede aufrecht erhält, leistet der vertikale Luftmassenstrom in Gebieten bodennahen hohen (abwärts) und tiefen Drucks (aufwärts) einen Anteil.

III.   Auswirkungen für Natur und Mensch

Unter diesem Punkt soll in beispielhafter Weise ein Überblick über die Folgen und Wirkungen, die Wind verursachen kann, gegeben werden.

Wind kommt überall auf unserem Planeten vor und steht immerwährend in Wechselwirkung mit allen Sphären der Erde. Dabei sind Stürme für die Folgenschwersten Ereignisse verantwortlich.

Die größte Zerstörungswirkung haben mit Abstand Tornados. Mit unvorstellbar hoher Geschwindigkeit von meistens über 100 bis zu geschätzten 500 km/h[11] reißen sie alles mit sich, was der Boden an Unebenheiten vorzuweisen hat. Er bewegt sich „Mit 50 bis 60 km/h [...] über eine Distanz von 5 bis 10 km, in Extermfällen auch über 100 km weit. [...] Schwarzgrau vom aufgewirbelten Staub hinterlassen die auf einer Breite von 300 bis 1000 m eine Schneise der totalen Verwüstung, den so genannten Asgardweg."[12]

Die Zerstörungswirkung wird vor allem durch die hohe Geschwindigkeit, mit der sich die Luft im Trichter um das Zentrum bewegt, erreicht. Umstritten ist die Tatsache, dass durch den im Zentrum entstehenden Unterdruck Häuser regelrecht explodieren können.[13]

In der Folge des Unterdrucks werden auch Gegenstände wie Autos oder ähnlichem mit nach oben gesogen und an einem nahe gelegenen Ort wieder abgeworfen.[14] Auf diesem Wege wurden schon ganze Schulklassen transportiert[15] oder Fischschwärme. Wenn roter Staub verfrachtet wird, ist das oft die Erklärung für roten Regen auf der Rückseite des zum Tornado gehörigen Gewitters.

Es gibt unzählige Geschichte von Menschen, die infolge eines „Twisters" ihr gesamtes Hab und Gut verloren haben. Der wohl stärkste Tornado in Deutschland war 1968 in Pforzheim.[16]

Dort entstand ein Gesamtschaden von 110 Millionen DM plus 100 Millionen DM Räumungsarbeiten. Daneben fielen dem Tornado 170 000 Festmeter Holz zum Opfer.

Der wohl Schadenträchtigste Tornado wütete 1999 in Oklahoma.[17] Dabei entstanden Schäden in einer Höhe von einer Milliarde Dollar. Die Wohnsiedlungen in den Bundesstaaten mit den häufigsten Tornadovorkommen weltweit sind aufgrund ihrer leichten Bauweise sehr anfällig für Sturmschäden. Jedoch werden in der letzten Jahren zunehmend Sturmbunker in den – trotz der Gefahr – weiterhin leichten Häusern installiert.

---

[11] Die Geschwindigkeit in einem Tornadotrichter kann in vielen Fällen nur indirekt über die Schadenwirkung ermittelt werden. Umherfliegende Teile werden durch die hohe Geschwindigkeit in die Erde oder andere Gegenstände gerammt, aus deren Reibungskoeffizienten die ursprüngliche Geschwindigkeit ausgerechnet werden kann.

[12] OBERMANN S. 26

[13] Ebd. S. 26 Aus diesem Grunde wird empfohlen, Fenster und Türen vor dem Eintreffen des Tornados zu öffnen, damit der Druckausgleich stattfinden kann und so Schäden vermieten werden.

[14] siehe DAVIS S.341 Der Unterdruck entsteht zum einen durch den extremen Aufwind von bis zu 300 km/h und die hohe Drehgeschwindigkeit, die die Luft nach außen zieht.
Ebd. S.348
„Ein Schulgebäude wurde zerstört, die 16 Schulkinder wurden som Sturm in die Höhe gehoben und 150 Meter weiter unversehrt wieder abgesetzt."
„Ein Holzbalken bohrte sich in einen Eisenbahnwaggon" „In einem Fall riß der Sturm die Türen eines Autos auf, schleuderte die Insassen – vie Minenarbeiter - heraus, warf sie am Straßenrand wieder unverletzt ab und zerlegte dann das Auto in Dutzende Teile, die er über mehrere Kilometer weit verstreite."

[15] DAVIS S. 348

[16] SCHOTT S. 30 ff.

[17] HENSON S. 14 f.

In den betroffenen Bundesstaaten wurden in den letzten Jahren Netzwerke von Doppler-Radaren aufgebaut, die in Verbindung mit dem Radar „auf der Straße" ein Frühwarnsystem etablierten. Im Gegensatz zu Hurrikanes oder Zyklonalen Stürmen ist die Vorhersagbarkeit wie auch die Lebensdauer solcher Tromben sehr begrenzt.

Im Gegensatz zu großflächigen Stürmen, wie dem „Twister", wie er populärwissenschaftlich häufig genannt wird, ist der Tornado eine sehr kleinräumige und daher in Bezug auf die Folgen verhältnismäßig unbedeutende Laune der Natur, trotz der höchsten erreichten Windgeschwindigkeiten[18].

Weitaus beträchtlichere Folgen entstehen für Mensch und Natur bei großflächigen Sturmereignissen, die zwar nicht so hohe Windgeschwindigkeiten liefern, dafür aber für längere Zeiträume, große Teile von Kontinenten berühren können. Beispiele sind Mittelbreitenzyklonen und Hurrikanes. (Die Bezeichnungen weichen je nach Erdteil ab)
Neben Zerstörungen an Gebäuden und sonstigen anthropogenen Errungenschaften kommt es zu Windbruch ganzer Wälder.[19] In kleinerem Umfang wird der Wald lediglich verjüngt.
Die Reibungskopplung am Wasser führt je nach stärke zu hohen Wellen (Sturmflut), durch die Küstenabschnitte verlagert, vergrößert oder ganz verschwinden können. Ein Beispiel dafür ist der Rückgang der Landmasse Helgolands in den letzten Jahrenhunderten[20].
Drückt der Wind das Meerwasser in die Deutsche Bucht hinein, wie es bei einer Sturmflut der Fall ist, steigt der Wasserpegel unabhängig von Tidenhub an. Eine solche Katastrophe ereignete sich 1962 in Hamburg[21].
An Land führt Sturm ebenso zum Abtrag (Deflation) oder zur Akkumulation von Sedimenten auf direktem Wege. Die hier transportierten Massen leisten einen Beitrag zur „Düngung" der Regelwälder. Über welche Entfernung feiner Staub transportiert werden kann belegt die Ablagerung von diesem auf mitteleuropäischen Autos infolge einer heftigen meteorologischen Südlage. Davon profitieren natürlich auch Landwirtschaftsflächen wobei zu fragen ist, ob

---

[18] Tornadowindstärken werden bei der gebräuchlichen Fujita-Skala anhand von Schadenswirkungen eingeteilt und sind daher eine indirekte Kategorisierung. Die Klassen reichen von F0 bis F5 wobei F5 der stärkste seiner Art ist. Nach oben ist diese Einteilung zwar offen, aber ein Tornado der Stärke F6 mit über 510 km/h wurde bisher noch nicht nachgewiesen. Grundsätzlich ist ein solches Phänomen möglich.
[19] Monokulturen mit einheitlichem Alter sind besonders Sturmempfindlich.
[20] „Ursprünglich war die Düne durch einen natürlichen Wall aus Sand und Geröll mit der Hauptinsel verbunden, doch eine Sturmflut in der Neujahrsnacht des Jahres 1721 riss Insel und Düne auseinander."
http://www.helgoland.de/helgoland/duene.html am 02.12.2007
[21] DAVIS S.196f. „Am 17. Februar 1962 erlebte Drutschland eine der größten Naturkatastsophen in der neueren Geschichte, als ein Unwetter mit schweren Regenfällen zahlreiche Deiche zum bersten brachte un das Meer ungehindert in die Ortschaften an der Küste vordrungen konnte."

nicht die Deflation diesen Zuschuss wieder aufhebt. Heute noch, das steht fest, profitieren wir von den lößreichen Stürmen zur Eiszeit.

Nicht zuletzt haben Samen und Sporen Ihre Verbreitungstechnik auf solche Geschehnisse abgestimmt und verbreiten sich demgemäß mit der vorherrschenden Windrichtung am schnellsten.

Infolge von Stürmen treten oftmals Regen, Schnee, Hagel und Blitz auf. Hagel ist vor allem in der Landwirtschaft gefürchtet, weil erhebliche Ertragseinbußen die Folge sein können. Blitzschäden stufe ich als gering ein, da heutzutage fast alle Dächer mit einem Blitzableiter versehen sind. Noch vor wenigen hundert Jahren war Blitzschlag verantwortlich für das Abbrennen ganzer Städte. Der Blitz als elektrische Entladung wird durch die elektrostatisch wirksamen Reibung der wolkenbildenden Wassertröpfchen an der Luft hervorgerufen.

Große Stürme sind mit den heutigen Mitteln in relativ planbaren Zeiträumen vorhersagbar, weshalb die Schäden und Opferzahlen zumindest in den weit entwickelten Gebieten der Erde begrenzt werden können.

IV. Lokale Stürme

Auf der Erde verteilt gibt es permanent 2000 Gewitter[22]. Etwa 1 % davon produziert schwere Abwinde von 80 km/h und mehr. Tornados kommen noch seltener vor.

In den Außertropischen Breiten vorkommende konvektive Elemente werden als Zellen bezeichnet. Diese können einfach auftreten oder die Luftmassenumwälzung in einem ganzen Bündel von Konvektionszellen organisieren.

Zunächst will ich einige Grundlegende Erscheinungen voranstellen. Cumulus-Wolken, welche eine Konvektionszelle kennzeichnen, entstehen durch den relativen Aufstieg von Luftpaketen im Verhältnis zu den diese umgebenden Luftmassen. Man spricht von freier Konvektion, wenn die Luft aus „eigener Kraft"[23] aufzusteigen beginnt. Es wurde oben schon

---

[22] http://www.blitzwetter.de/anleitung/advanced3.htm 15.12.2007
[23] Ursache des Aufstiegsimpulses ist die natürliche Solarstrahlung, die die bodennahe Luft über die kurzwellige Rückstrahlung erwärmt.

festgestellt, dass wärme Luft eine geringere Dichte aufweist. Dadurch mobilisiert sich das Luftpaket und beginnt an Höhe zu gewinnen. Wie weit dieser Vorstoß ungebremst abläuft, hängt sehr von den Eigenschaften der Luft ab, denn die Abnahme der Temperatur bei zunehmender Höhe ist an den Feuchtegehalt der Luft gebunden. Hinzu kommt der vertikale Temperaturgradient Atmosphäre, der entweder ein Aufsteigen bis zur Tropopause zulässt[24] oder durch eine Inversion stoppt. Auch kann die Konvektion lediglich durch einen sehr kleinen Temperaturgradienten der Umgebungsluft zum Stillstand kommen, so dass das Luftpaket trockenstabil abkühlt und rasch die Temperatur der umgebenden Luft angenommen hat.[25]

Für eine echte ungebremste Konvektion[26], aus der sich echte Stürme heranbilden können, braucht es labile Verhältnisse. Die Labilität ist umso ausgeprägter, je feuchter die Atmosphäre in den unteren Lagen ist, weil feuchte Luft, wenn sie das Kondensationsniveau durchschreitet, in der Höhe latente Energie freisetzt und deshalb während des Aufstiegs langsamer abkühlt. Auf diese Weise ist es möglich auch bei geringem horizontalen Temperaturgradienten in große Höhen vorzudringen.

„Der Mischungsprozess strebt also eine überall gleiche Summe aus potentieller Energie und fühlbarer Wärme der Teilchen an"[27], Weil das Teilchen bestrebt ist, seinen Gesamtenergiegehalt zu bewahren. In diesem Zusammenhang spricht man von der Thermischen Turbulenz als sehr effektive Form der „Energieübertragung von der Seite der hohen Temperatur zur Seite der niedrigen Temperatur"[28].

Eine ausreichende Labilität der Luftmassen ist also eine Bedingung für das Entstehen von Gewittern. Weiterhin ist ein initiativer Hebungsimpuls zwingend, der die Luftmasse mindestens auf CIN[29] Niveau bringt, ab dem dann freie Konvektion im LFC[30] stattfinden kann. Das könne die Erwärmung der Erdoberfläche allein nicht leisten. „Die Hitze am Boden (thermische Konvektion) alleine initiiert das Gewitter nicht, in den meisten Fällen bedarf es

---

[24] Hier entstehen cirro-cumuli aus Eiskristallen.

[25] Damit ist ein Ausgleichszustand hergestellt. Schönwetter cumuli bezeugen diese atmosphärische Konstellation.

[26] Das Paradebeispiel der Gewitterwolke: cumulus nimbus, die sich über alle Wolkenstickwerke erstreckt und heftigen Niederschlag mit sich bringt.

[27] KRAUS S. 85

[28] LAUER S. 34 Direkte Temperaturübertragung ist aufgrund der geringen Dichte nicht möglich. Ruhende Luft isoliert.

[29] Convective Inhibition

[30] Level of Free Convection. Die Freisetzung der latenten Wärmeenergie reicht nun zum selbstständigen Aufstieg der Luftmasse aus.

zusätzlich meso- und synoptisch-skaliger Hebungsantriebe"[31] Unter vielen anderen Möglichkeiten kommen das Herannahen einer Kaltfront, unterschiedliche Zirkulationssysteme (unterschiedliche Bodenerwärmung, Orographie) bzw. ein Höhentief oder mechanische Turbulenzen am Relief in Frage.

Eins gilt noch zu bedenken: „Eine Inversion, die eine moderate Stärke hat, bevorzugt die Entwicklung von starken Gewittern."[32] Nehmen wir an, starke Gewitter benötigen entsprechend viel labile, feuchtwarme Luft am Boden. Die Inversion verhindert den vorzeitigen Aufstieg dieser Luft am wolkenfreien Vormittag. Am Nachmittag können zudem nur die Aufwinde (Initialimpuls) die Inversion durchbrechen, die auch das Potential zu einem schweren Gewitter haben. Den Anderen geht vorher „die Luft aus" und sie können mit der Hauptzelle nicht in Konkurrenz um Labilität treten.

Die dritte Bedingung, die schon angesprochen wurde ist das Vorhandensein von warmer und feuchter Luft, damit es in großen Mengen zur Auskondensation von Wasser kommen kann, wodurch viel latente Wärme freigesetzt wird, die dem System zusätzlichen Auftrieb verschafft. Dieses Potential wird als CAPE[33] angegeben und beschreibt, wie viel latente Energie dem Niveau der freien Konvektion umgesetzt werden kann.

Nur das Auftreten der 3 Zutaten Labilität, Hebung und Feuchte lässt ein Gewitter entstehen. Die Art des Gewitters und die Klassifizierung ist von der Ausprägung dieser Faktoren abhängig.

Es werden nachfolgend 3 Arten von Gewittern dargestellt, die in ihrer Wirkungsweise, was den Luftumsatz im Aufwindbereich als auch die möglichen Schäden betrifft, einer Staffelung vom Geringen zum Schweren unterliegen.

---

[31] http://www.germansevereweather.de/vermwiss.htm#5.
[32] http://www.blitzwetter.de/anleitung/advanced3.htm
[33] Convective Available Potential Energy

a) Single-Cell Storm

Der bescheidenste Vorgang dieser Einteilung ist das Einzellige Gewitter, das von einer einzigen Cumulus Zelle gesteuert wird und mit eintretendem Niederschlag zum Erliegen kommt. Zugleich ist es aber auch die seltenste Gewitterart. Für ein einzelliges Gewitter darf die vertikale Windscherung nicht über einem Grenzwert liegen, über dem es zur Bildung von weiteren Zellen kommen könnte. Auch die Hebungskomponente ist bei diesem Typus gering ausgeprägt. Das Gebilde wird von einem einzigen konvektiven Element, meist durch ungleichmäßige bodennahe Erwärmung hervorgerufen, dominiert.[34] Es folgt zunächst eine aufsteigende Luftblase, die eine Cumulus Congestus bildet oder lediglich Thermik verursacht. Damit sich ein Cumulonimbus aufbauen kann, muss die Luft aber sehr viel weiter aufsteigen und der Konvektionsprozess aufrechterhalten werden, denn die anfängliche oberflächennahe Erwärmung kann nur ein Impuls sein. Der vertikale Temperaturgradient der Umgebungsluft muss größer sein als die adiabatische Abkühlungsrate. Solange das der Fall ist, wird die junge Wolke bis zur Tropopause wachsen. Labile Verhältnisse sind also Vorraussetzung, auch wenn die Einzelzelle noch die geringste Labilität voraussetzt.[35]

Beim Erreichen des Kondensationsniveaus wird die Auftriebskraft dramatisch verstärkt[36].

Ist dieser Mechanismus einmal in Bewegung, kann durch die vorhandene kinetische Energie über Reibungskopplung weitere labile Luft „nachgesaugt"[37] und in die vertikale Komponente, den Updraft, eingebunden werden. Der Zuschauer im Umkreis von ca. 5 km erlebt in dieser Phase einen Wind, der zur Zelle hin gerichtet ist. Die Windgeschwindigkeiten sind eher gering, weil die Luft aus allen Richtungen kommen kann[38]

---

[34] „Es existieren endlos viele Oberflächentypen, die sich unterschiedlich erwärmen […] Luft über einer im Vergleich zur Umgebung wärmeren Oberfläche wird ebenfalls wärmer als die Umgebungsluft. Ihre Dichte wird daraufhin geringer und sie wird beginnen, aufzusteigen." siehe Cosgrove S. 38

[35] Für die „maximale kinetische Energie (Bewegungsenergie), die einem Luftpaket bei einem möglichen Aufstieg vom Niveau der freien Konvektion bis zum Niveau, in welchem der Auftrieb verschwindet (was in etwa der Wolkenobergrenze entspricht), in einer labil geschichteten Atmosphäre zur Verfügung stehen würde" gibt es die Kennzahl CAPE (m^2/s^2). Die Kennzahl kann dazu verwendet werden, Gebiete mit potential zu starken Gewittern auszumachen, ist jedoch nicht Garant dafür, dass auch zur Auslösung dieser Latenten Energie kommt. Siehe http://profi.wetteronline.de/cape_frame.htm

[36] Ab diesem Moment kühlt die Luft gesättigt adiabatisch ab, das bedeutet nur noch mit der halben Abkühlungsrate (ca. 0,5 °C / 100 m). Dadurch wird die Differenz zur Umgebungstemperatur größer.

[37] Ebd. S. 91

[38] Nach dem Strömungsgesetz ist die Fläche A Mal die Geschwindigkeit v immer konstant. Bei abnehmendem Strömungsquerschnitt (bzw. Fläche) muss sich folgerichtig die Geschwindigkeit um den gleichen Faktor erhöhen. Dieses Prinzip sorgt für den so genannten Düseneffekt, aber auch für die Beschleunigung bei konvergierenden Gasen.

Auf dem Weg zur Zelle werden die Winde kräftiger und erreichen im Updraft also dem Zentrum der Konvektion, schließlich Windgeschwindigkeiten von bis zu 10 m/s. Der englische Fachausdruck Updraft ist wie der Terminus Single-Cell sehr gebräuchlich.

Hat die Wolke die typische Amboßform[39] erreicht, in deren Kopf schwere Eiskristalle zunehmend den Aufstieg weiterer Luft verhindern, kehrt sich die Konvektion um. Die Atmosphärische Grenzschicht tut ihr Übriges, um weiteren Aufstieg zu verhindern, stellt aber keine absolute Grenze dar.

Häufig kann man bei Cumulonimbi der MCS (Multi Cell Storm) Generation einen Overshooting Top ausmachen, da die Luftmassen aufgrund ihrer kinetischen Energie noch über das Niveau des thermischen Gleichgewichtes (Equilibrium Level) hinausschießen. Ist der Amboss dick und von felsiger Struktur mit klarer Abgrenzung, markiert dies ebenfalls einen extremen Aufwind und ist damit der Bote für besonders intensive Gewitter mit erheblichen Schadenspotential.

Der einsetzende Niederschlag aus Hagel und Graupel führt zu einem Reibungswiderstand an der Luft, wodurch der das System speisende Updraft zum Erliegen kommt[40]. An dessen Stelle tritt im „Reifestadium" der Downdraft, ein starker Fallwind, der besonders im Luftverkehr gefürchtet ist. Bei leichter Windscherung schiebt sich die kalte Abwindluft so unter den Aufwind, dass die warmfeuchte Luftzufuhr abgeschnitten wird.

Oftmals kommt es durch den kühle Ausströmbereich aber zu einer Labilisierung der Umgebung wobei so neue Zellen ausgelöst werden.

Nachdem sich der Rest der Cb Wolke abgeregnet hat, bleiben mittelhohe Altostratus zurück, die eine erneute Erwärmung der Erdoberfläche und die Ausbildung neuer Zellen verhindern.

Der Lebenszyklus, wenn man so will, hat eine begrenzte zeitliche Ausdehnung von ungefähr 30 Minuten und erstreckt sich auf nicht mehr als 2 – 10 km. „Weil das ganze Phänomen oder Bewegungssystem aus nur einer einzigen Cumulus-Zelle besteht"[41] spricht man von einem Single-cell Storm oder einzelligen Gewitter.

Nur sehr selten treten starken Abwinden (Downbursts) auf und Tornados werden so gut wie nie gefördert. Das Potential ist aber bei einzelligen Gewittern vorhanden, auch wenn die Wahrscheinlichkeit sehr gering ist.

Ein Sonderfall ist das Impulsgewitter[42], das bei sehr labilen Verhältnissen einen stärkeren Updraft erzeugt und entsprechend häufiger starken Hagel bringt.

---

[39] LAUER S. 131 „Der Cb stellt das Reifestadium der Cumuluskonvektion dar „
[40] LAUER S. 131 „Ist ein Großteil des Niederschlags ausgefallen und kommt der konvektive Initialimpuls zum Erliegen, ist das Zerfallsstadium der Cb-Wolke erreicht."
[41] KRAUS S. 92
[42] http://www.blitzwetter.de/anleitung/advanced4.htm

b) Multi-cell Storm

Weitaus häufiger treten in den Außertropen mehrzellige Gewitter auf. Der genetische Unterschied zum oben beschriebenen Singlecell-Storm ist die hinzutretende Windscherung[43] mit der Höhe. Emporsteigende Luftmassen driften buchstäblich im vorherrschenden Höhenwind ab.[44]

In mehrzelligen Gewittern werden starke Böen und Hagelkörner bis zu 5 cm Durchmesser produziert. Auch das Tornadopotenzial ist gering bis mäßig.

Wie der Name schon sagt, besteht das Gewitter aus mehreren Aufwindzellen, welche nacheinander das Reifestadium in der Mitte der Gruppe aus Zellen erreichen. Der die Flanking Line, welche auf ein Organisiertes Gewitter hinweist, liegt bei vorherrschender Westlicher Windströmung meist Südwestlich gegenüber des Niederschlags und speist den Updraft. Er provoziert kontinuierlich die Ausbildung von neuen Zellen die gehäuft und ungeordnet auftreten können (Clusterartig) oder einer bestimmten Richtung folgend *Squallines* bilden. Wenn die so organisierten Gewitter eine Größenordnung von 100 000 km² und mehr erreichen zählt man Sie zu Mesoskaligen Konvektiven Systemen.

Diese Organisation bewirkt zum Einen, dass der Updraft über lange Zeiträume (bis mehrere Stunden) aufrechterhalten wird, da der Niederschlag nicht in das Quellgebiet, aus dem der Sturm seinen Nachschub ansaugt, der Niederschlagszellen fällt. Auf- und Abwind sind gewissermaßen voneinander ungestört. Zum Anderen wird bewirkt, dass sich das System räumlich fortpflanzt, wobei Gebiete mit neuer Labilität erschlossen werden. Ungeachtet dessen können die vorherrschenden Winde diesen Effekt aufheben, so dass die Abfolge von Zellen über ein und dem selben Ort zum Niederschlag kommt, was bei Multiclustern relativ häufig der Fall ist. Bei solchen stationären Multizellen (training effect) sind schwere Überschwemmungen die Folge.

Was die Zellen voneinander trennt und für Diskontinuitäten im Zustrom aus der Flanking Line sorgt, ist die Tatsache, dass in der „Atmosphäre alle Größen zB. Temperatur, Feuchte und Wind ständig schwanken."[45]. Der diskontinuierliche Anbau von Multizellen liege

---

[43]KRAUS S.93 „[…] Windscherung, womit wir hier die Änderung des Windvektors mit der Höhe bezeichnen." Singlecell-Storms entstehen wie gesagt nur bei vernachlässigbarer Windscherung.
[44] Aus der Entfernung kann man beobachten, wie die Cumuli schräg zur Seite kippen.
[45] KRAUS S. 98

außerdem in den heterogenen Verhältnissen der Bodennahen Luftschichten zusammen, die durch unterschiedliche Strahlungs- und Wasserhaushalte verschieden sind.

Die stärke der Abwinde (80 – 120 km/h) und die Hagelintensität ist beträchtlich, sind aber mit denen einer Superzelle noch nicht vergleichbar. Den Grund dafür bietet der Aufbau des Gewitters. Mehrere Zellen stehen „in Konkurrenz" um die warme, feuchte Luft am Boden, was sich negativ auf Aufwindgeschwindigkeit und Lebensdauer der Zellen auswirkt. Gegenüber eines Einzelligen Systems ist die Intensität des Auftriebs vielfach stärker.
Dort, wo Aufwind und Abwind unmittelbar nebeneinander liegen (Aufwind/Abwind – Interface) , treten die stärksten Wettererscheinungen auf.

Wenn Niederschlag in die aus mittleren Höhen angesaugter trockener Luft fällt (der Rear-Inflow-Jet), kann dieser durch den Energietransfer aus der Luft schon in der Höhe verdunsten, wodurch sich die Luft stark abkühlt und dann einen „enormen Abtrieb im Vergleich mit ihrer Umgebung erfährt", um mit den Worten von Kraus[46] zu sprechen. Der Abtrieb solcher Intensität wird auch Downburst genannt.[47] Am Boden kommt es zu einem zerstörerischen Auseinanderfließen der der Winde mit nochmals steigenden Geschwindigkeiten bis über 150 km/h, die je nach Querschnitt Micro- bzw. Macroburst bezeichnet werden. In diesen kommt es häufig zu einer Abfolge von Hagel, Starkniederschlag und elektrischen Entladungen bis hin zu Tornados, die von den Downbursts hervorgerufen werden können. Eine andere Erklärung der beschleunigten Luftmassen ist der Impulstransport durch den Polarfrontjet. Die hohen Geschwindigkeiten dieser Strömung bewirken aber nicht nur eine nach unten gerichtete Beschleunigung. Die Konvektion wird zusätzlich angekurbelt, wenn die aufsteigende Luft am oberen Ende der Stratosphäre ähnlich wie bei einem Schornstein „abgesaugt" wird.
Die konvektiven Elemente verdrängen ein gewisses Luftvolumen von entsprechender Geschwindigkeit in niedere Höhen. Dieses Prinzip bewirkt ferner die Böigkeit des Windes.[48]
Die auf der Vorderseite des Gewitters am Boden ausströmende Kaltluft definiert eine Kaltfront an der „Konvergenzlinie"[49] zwischen kalter- und in den Komplex einfließender

---

[46] Ebd. S. 95
[47] „Je nach Größenspektrum der Regentropfen bzw. der relativen Feuchte der Luft, durch die der Regen (oder auch der Hagel) fällt, wird diese Luft durch Verdunstungs- oder Schmelzprozesse mehr oder weniger stark abgekühlt. Zusammen mit der Reibungskraft, die die fallenden Hydrometeore (Regen, Hagel, ...) auf die Luft ausüben, entstehen so ein kaltes Abwindgebiet und ein Kaltluftpool unterhalb der Wolke."
Siehe http://www.tordach.org/topics/tornadodef_de.htm
[48] Die allgemeine Böigkeit des Windes, die hauptverantwortlich für die größten Windschäden ist, entsteht in erster Linie durch das regelmäßige Abreißen von Wirbeln hinter Hindernissen.
siehe HÄCKEL S. 309f.

feuchtlabiler Luft, weshalb am Übergang beider Luftmassen dicht gedrängte Isothermen von heftig rotierende Turbulenzen begleitet werden. Sichtbar wird dieser horizontale Wirbel wenn die rotierende Kaltluft mit sehr niedrigem Kondensationsniveau eine tief hängende, fransige Wolkenwalze bildet. Bei Squallines bildet die Böenfront (Shelfcloud)[50] ein zusammenhängendes Wolkenband unterhalb der Basis der „richtigen" Cumulonimbus: Die Cumulonimbus arcus. Sie zeigt ferner an, das die Zelle vom Abwind dominiert wird. Diese lineare Organisation von mehreren Gewittern basiert auf dem Verschmelzen mehrerer Outflows bzw. Downdrafts.[51]

Zu den Vorraussetzungen zählen erstens eine starke vertikale Windscherung, weil sich nur so effektiv auf und abwärtsgerichtete Strömung voneinander trennen und zweitens ein sehr hohen CAPE.

Die Böenfront schaufelt warme feuchte Luft in den Aufwindbereich, bildet somit neue Zellen. Und der Regen bringt kühle, trockene Luft aus der mittleren Schicht zum Boden.
Dieser Prozess ist recht effizient. Die Böenfront führt starken, böigen Wind und hinter dem Aufwindbereich intensivem Niederschlag mit sich. Auf der hinteren Seite ist mit schwächerem Regen zu rechnen, der aus einer breiten Zone von älteren Zellen fällt.

Häufig kommt es bei Squallines vor, dass sich die Böenfront auf dem Radarbild nach vorne aufwölbt und auf der nördlich gerichteten Seite eine zyklonale Struktur annehmen. Die Rede ist vom Bow-Echo bzw. Komma-Echo, wenn es sich an der Nordspitze eine Mesozyklone ausbildet. Die 20 – 120 km lange[52] Bogenform des Gebildes kommt durch die hohe Intensität des Downdraft (oder Outflow) zustande, der am Boden Winde bis Orkanstärke verursacht während die Ränder davon nur peripher betroffen sind. In solch starken Abwinden wird die Böenfront nach vorn gepusht und das lineare Zentrum der Zelle lößt sich auf.
Die Rotation an den Rändern, welche durch die langsamere Fortbewegung der Randbereiche der Böenfront ihren Anfang nimmt, hat dann das Potential, einen Tornado zu erzeugen, wenn der *Böenfrontwirbel* Kontakt zum Aufwindbereich bekommt. „Dies kann geschehen, wenn

---

[49] In Wirklichkeit strömen die beiden Luftmassen in 2 verschiedenen Höhen aneinander vorbei. Die Konvektiven Winde befinden sich im Oberen Niveau. Die entgegengerichteten kalten Winde, von der Rückseite her kommend basieren auf dem „Rear Inflow".
[50] Der Name Böenfront oder Böenwalze stammt daher, dass unter diesem Bereich Böen in Orkanstärke erreicht werden. Kurz vor dem Eintreffen der Front herrscht allerdings eine relative Windstille, weil es ein Bereich konvergierender Bodenwinde ist: Auf der einen Seite der Downdraft, auf der anderen Seite die angesaugte Labilität, die das System aufrechterhält.
[51] http://www.skywarn.de/estofex_de/guide/index.htm
[52] http://www.skywarn.de/estofex_de/guide/1_4_3.html

eine Böenfront unter eine andere Gewitterzelle vordringt, oder wenn zwei solche Konvergenzlinien aufeinandertreffen und miteinander wechselwirken"[53]

Die Rotation hat ihre Ursache vermutlich in einem Kippen der horizontalen Vorticity innerhalb der Böenfront. Oftmals werden jedoch auch Böenfrontwirbel fälschlicherweise als Tornado gemeldet obwohl es nicht zu der charakteristischen Kondensation kommt sondern nur Staub aufgewirbelt wird.

Auf Bilddokumentationen den Unterschied zwischen echt und unecht auszumachen ist schwierig.

c) Supercell-Storm

Die Superzelle dominiert die Liste der heftigsten konvektiven Gewitter in Europa wie auf anderen Erdteilen. Sie gehört zu den Imposantesten Naturschauspielen und zu den kräftigsten. Der Aufbau dieser Zelle ist sehr kompliziert. Überdies gleicht ist kein Gewitter dem anderen. Also kann ein grundlegendes Schema nur annäherungsweise die Realität wiedergeben, das gilt für Superzellen ebenso wie für Multi- oder Singlezellen.

Ein so dynamisches und komplexes System wie die Superzelle, das unvorstellbare Energiereserven in sich birgt, reagiert im Anfangsstadium sehr empfindlich auf einfließende Größen.

Es bedarf zu ihrer Entstehung aber Bedingungen, wie Sie am häufigsten in den USA auftreten. Bekannt für Ihre Tornadohäufigkeit und damit die Zahl der Superzellen sind die Great Plains.[54] Warmfeuchte Luft aus dem Golf von Mexiko in Verbindung mit entsprechenden Fronten aus dem nordwestlichen Gebirgen kommend bringen die Atmosphäre von April bis Juni in Wallung. Die westliche Höhenströmung macht eine weitere Bedingung aus. Jährlich werden ungefähr 800 Tornados aus Superzellen in den USA gesichtet, wobei die Wahrscheinlichkeit einer Superzelle einen Tornado zu produzieren bei 30 Prozent liegt.

In Deutschland sind es 20 – 40 Gewitter von diesem Typus. Trotz der Seltenheit verursachen Sie doch die größten Schäden. Besonders häufig kommen Superzellen im Oberrheingraben vor, der durch seinen Nord/Süd Verlauf das Drehen der Bodenwinde von Süd auf West

---

[53] http://www.tordach.org/topics/tornadodef_de.htm
Gemeint ist das Zusammentreffen zweier gegenläufiger Böenfronten, die so ein explosionsartig ein Gewitter produzieren

[54] Battan S. 107

verhindert.[55] Die westliche Höhenströmung gleitet dann über und verursacht eine streamwise vorticity.[56]

Auf einem Durchmesser von 20 bis 50 km vermag der Konvektionskomplex einen kontinuierlichen, stabilen Zustrom aus warmer und feuchter Luft aufrecht zu erhalten, der einen fortwährenden Niederschlag garantiert. Wie die Singlecell ist nur eine Zelle für den Nachschub an Labilität verantwortlich.

Warum dieser Zustrom nicht abreißt ist nicht bis ins letzte Detail geklärt.[57] Der größte Unterschied zu den vorangegangenen Gewittertypen bietet aber einen Ansatzpunkt. Rotation ist die Zutat, die ein einfaches oder mehrzelliges Gewitter so modifiziert, dass ein „stabiles, solitäres, rotierendes und als Ganzes fortschreitendes atmosphärisches Zirkulationssystem" entsteht. Ähnlich einem Fahrrad, dass durch die Rotation der Räder nicht umkippt, bedeutet die vertikale Rotation für den Updraft Kontinuität, weil Kraft nötig wäre um dieses Drehmoment wieder zu verändern.

Allein durch Labilität (CAPE) und Hebung bekommt der Aufwind aber keinen Drehimpuls. Wichtig für die Ausbildung von Superzellen ist neben den bekannten Grundlagen (u.a. sehr hohe Labilität) die Änderung der Geschwindigkeit der Winde mit der Höhe. Es besteht zunächst eine horizontale Scherungsvorticity. (crosswise vorticity)

Diese kann eintreffen, wenn zwei Luftmassen in verschiedenen Höhen mit zueinander unterschiedlichen Geschwindigkeiten interagieren (Great Plains). An der Berührungsfläche ist die Wahrscheinlichkeit für Verwirbelungen am größten.[58] Allerdings wird die horizontale Rotation auch durch eine Shelfcloud an einer Squalline hervorgerufen.

Als zweite Komponente braucht es eine Änderung der Windrichtung mit der Höhe. Sie kann das Fünkchen ausmachen, durch welches eine beginnende Verwirbelung in Bewegung gerät. (Erinnert sei an die beginnende Mesozyklone im Komma-Echo).

Die Vertikale Vorticity entsteht dann, wenn die horizontalen Wirbel im Updraft nach oben verbogen werden (Tilting), bis zwei gegenläufige vertikale Wirbel entstehen. Der gegen den Uhrzeigersinn drehende (NHK) Zyklonale Wirbel ist der stärkere und bildet eine Mesozyklone aus.

---

[55] WINDOLF S. 105
[56] Siehe unten
[57] KRAUS S. 98
[58] Man stelle sich Wind aus Nord am Boden vor und in der Höhe Wind Süd. Ab einer bestimmten Höhe beginnt die Luftmasse sich zu drehen, wie es bei einem Schaufelrad im Wasser der Fall ist.

Desweiteren verstärkt die Konvergenz von Luftströmungen im Updraft die beginnende Rotation dadurch, dass die von weit her gelangten Luftmassen im Konvergenzgebiet schneller rotieren müssen.[59]

Der Hauptunterschied zu Mehrfachzellen ist das Verschmelzen von Aufwind und Rotation zu einer Flanking Line mit Böenfront, die nur eine einzige Zelle versorgt. Die Flanking Line bedient einen einzigen Updraft, in dem die Luft wie in einer Fontäne nach oben schießt. Das komplette Reservoir an Labilität steht auf diese Weise nur einem Aufwind zur Verfügung und muss nicht auf viele Zellen aufgeteilt werden. In Mehrfachzellen kann sich die gegenseitige Konkurrenz selbstverständlich zugungsten einer Zelle entwickeln.

Häufig treten Superzellen in Verbindung mit Squallines auf.

Die Organisation ist aber eine vollkommen andere. Sind Mehrfachzellen eine Möglichkeit, viel Luft in Bewegung zu halten, dann Schafft es die Superzelle noch mehr Turbulenz in die Atmosphäre zu schaffen.

Der Aufwind erreicht Geschwindigkeiten von 240 bis 280 km/h, während er extrem kanalisiert wird. Der im Aufwindbereich produzierte Niederschlag (Hagelkörner bis 5 cm) wird von starken horizontalen Winden aus den oberen Niveaus in den Abwindbereich geblasen und kann den Updraft, der ohnehin durch die Scherungsvorticity stark geneigt ist, nicht beeinträchtigen. Lange Lebensdauer ist die Folge der klaren Trennung von Auf- und Abwind. Die Rotation verhindert, dass trockene Umgebungsluft in die Zelle gelangt

Die Zelle besitzt zwar nur einen Aufwindbereich, der Outflow ist aber in zwei verschiedene Abwindbereiche unterteilt, den Rear-Flank Downdraft und den Forward-Flank Downdraft. „Der FFD führt sehr starke Niederschläge und großer Hagel"[60]

Die zyklonale Krümmung im Aufwind, die noch nicht zu Boden reicht, weil sich die Luftwalze ja in 1500 bis 4000 m gedreht hat, ist für die Entstehung eines Tornados nicht ausreichend.

Allerdings wird der Abwind um den zykonalen Aufwind herum geführt so das er einen antizykonalen Drehsinn erhält. Am Boden kippt die Rotation erneut um 180° bis der Abwind mit gleicher Rotationsrichtung direkt in den Aufwind strömt.

---

[59] Ähnlich dem Abfluss einer Badewanne
[60] http://www.weatherservice.de/html/gewitterarten.html

Ein solches Phänomen (Wallcloud) kann nur eintreten, wenn die Abluft mindestens so warm wie der Aufwind ist. Sehr hohe relative Feuchte bzw. in Bodennahen bis Mittleren Bereich sowie die Struktur und Verteilung der Niederschlagsteilchen verhindern, dass Wärmeenergie durch Kondensieren verloren geht. Deshalb fällt im RFD niemals starker Regen, wohl aber Hagelkörner, die der Luft wesentlich weniger Wärme entziehen.

Es stellt sich die Frage, wie es dabei überhaupt zu einem Downdraft kommt. Auf den ersten Blick ist das unmöglich, weil warme Luft sofort wieder Auftrieb bekommen würde aber dennoch bis zum Boden gelangt.

Das System beginnt sich von seiner Umwelt abzukoppeln, wenn der Downdraft die Mesozyklone zu speisen beginnt.

Im Randbereich der Mesozyklone, also der Grenze zwischen Auf- und Abwind kommt es zu den extremsten Wettererscheinungen, häufig auch zu Tornados. Golfballgroße Hagelkörner in Verbindung von kräftigen Macrobursts sind keine Seltenheit.

Tornados werden erzeugt, wenn der RFD die Mesozyklone so kanalisiert, dass die Luft immer schneller spiralartig in den Updraft rotieren muss, damit auf kleinerer Querschnittsfläche dasselbe Luftvolumen hindurchströmen kann.

Aufgrund der hohen Geschwindigkeiten wirkt die Zentrifugalkraft bald so stark, dass im Innern der Mesozyklone ein Unterdruck entsteht und die Luft sich analog dazu schnell ausdehnt[61]. Ohne diesen Effekt würden sich keine Wassertröpfchen bilden, die den sich langsam zum Erdboden senkenden Rüssel sichtbar machen würden. Ein schneller Druckausgleich wird durch den hohen Gradienten und die damit verbundene Kreisbahn regelrecht verhindert.

Im Tornado werden Geschwindigkeiten von bis zu 500 km/h erreicht. Das entspricht auf der Fujita Skala einem F5 Tornado. Rein theoretisch ist die Skala nach oben offen, doch bis jetzt wurden keine stärkeren Tornados beobachtet. Eine genauere Einteilung von 1 – 12 bietet die Torro Tornado Intensitätsskala.

Nach unten nimmt die Querschnittsfläche des Wirbels ab, weil die Reibung bei großer Kontaktfläche zu stark bremsen würde, und die Rotationsgeschwindigkeit entsprechend zu[62].

Von Tornados geht eine besondere Gefahr aus, denn die Komponente Geschwindigkeit übertrifft kein anderer Wind auf der Erde. Dächer werden mit Leichtigkeit abgedeckt, Güterzüge umgeworfen und vieles mehr.

---

[61] Um das Kräftegleichgewicht zu erhalten wird die Rotationsgeschwindigkeit nur so hoch, wie die Gradientkraft die Luftteilchen noch auf der Kreisbahn halten kann.
[62] WINDOLF S. 104 (Bild der Wissenschaft)

Mit dem enormen Unterdruck von geschätzten 100 kPa der innerhalb von wenigen Sekunden wechselt erklärt man sich Explosionen von Häusern, die den Druckausgleich in der kurzen Zeit nicht leisten können. Von solchen Annahmen stammen Empfehlungen bei Herannahen eines Tornados die Türen und Fenster zu öffnen. Der Unterdruck ist bis jetzt freilich nicht nachgewiesen, weil Messgeräte die enormen Einwirkungen nicht überstehen.

Es empfiehlt sich zudem, einen unterirdischen Schutzraum aufzusuchen, denn die Gefahr für den Menschen besteht vor allem aus herumfliegenden Gegenständen[63]. So haben sich Strohhalme z.B. in Stahlplatten gebohrt[64].

Theoretisch können auf der Erde bis auf die Polargebiete überall Tornados auftreten. Bekannte Häufungen sind noch die östlichen Anden, Ostindien und Australien. [65]

In den europäischen und US Amerikanischen Medien wird die Zunahme von Tornados in den letzten 50 Jahren diagnostiziert. Die Berichterstattung übersieht jedoch, dass sich in dieser Zeit die Bevölkerung ebenso vermehrt hat, wie die Möglichkeiten einen Tornado zu dokumentieren. Außerdem finden Extremereignisse immer mehr Beachtung und gelangen aufgrund Landesweiter Datenvernetzung schnell aus der Ebene der Regionalen Medien heraus. Somit steigt auch die Wahrscheinlichkeit, dass ein Tornado als solcher identifiziert werden kann (Aufklärung) und gelangt einmal mehr in die Statistik.

In den USA und in Europa haben sich Netzwerke von „Stormspotters" etabliert. Sie setzen sich aus vielen Menschen zusammen, die die Entwicklung von Gewitterzellen beobachten und im Notfall entsprechende Warnungen abgeben. Solche Netzwerke sind auch notwendig, weil die Vorhersagbarkeit im Gegensatz zu Hurrikanes sehr gering ist.[66][67]

Aufgrund der sehr variablen zahlenmäßigen Erfassung dieses Naturschauspiels kann keine gesicherte Aussage über die langjährige Entwicklung der Tornadohäufigkeit getroffen werden.

[63] HENSON S. 21
[64] DAVIS S. 351
[65] Ebd. S. 106
[66] DAVIS S. 342
[67] HENSON S. 21

V.   Literaturverzeichnis

Monographien:

Battan, L.J.: Wetter. Stuttgart 1979

Cosgrove, Brian: Das Wetter. Wolken Winde un Prognosen. Bielefeld 1999

Davis, Lee: Das große Lexikon der Naturkatastrophen. Graz 2003

Häckel, Hans: Farbatlas der Wetterphänomene. Stuttgart 1999

Lauer, Wilhelm: Klimatologie. Braunschweig 2004

Kraus, Helmus: Risiko Wetter. Die Entstehung von Stürmen und anderen
 atmosphärischen Gefahren. Berlin 2003

Zeitschriftenartikel:

Henson, Robert: Der Milliaraden-Dollar Twister. bzw. Ein Orkan von der fettesten Sorte …
In: Spektrum der Wissenschaft. 3/2000 S. 14-19 bzw. S. 20-21

Obermann, Helmut: Tornado in der Flasche. In: Praxis Geographie. 6/2000. S. 26-29

Windolf, Raymund: Tornados in Deutschland. In: Bild der Wissenschaft. 11/1998. S. 104-106

Internetseiten:

Dahl, Johannes: www.germansevereweather.de/strugew.htm

Stillahn, Thies: http://www.grenzwetter.de/Theorie/superzelle.htm

Vornhusen , Mark: http://www.blitzwetter.de/anleitung/advanced5.htm

http://www.naturgewalten.de/tornado.htm

http://www.helgoland.de/helgoland/duene.html

http://home.arcor.de/wetterwissen/Tornados/body_tornados.html

http://profi.wetteronline.de/cape_frame.htm

http://home.arcor.de/oliver.schlenczek/thr/gewitter.html

http://www.skywarn.de/estofex_de/guide/index.htm

http://www.tordach.org/topics/tornadodef_de.htm